Tejas Mahadik
Kirti Wanjale
Varsha Jadhav

Assistente de saúde mental baseado em IA

Tejas Mahadik
Kirti Wanjale
Varsha Jadhav

Assistente de saúde mental baseado em IA

Melhorar o bem-estar emocional Bem-estar emocional com Llama-2 e análise de sentimentos

ScienciaScripts

Imprint

Cover image: www.ingimage.com

This book is a translation from the original published under ISBN 978-3-659-91894-0.

Publisher:
Sciencia Scripts
is a trademark of
Dodo Books Indian Ocean Ltd. and OmniScriptum S.R.L publishing group

120 High Road, East Finchley, London, N2 9ED, United Kingdom
Str. Armeneasca 28/1, office 1, Chisinau MD-2012, Republic of Moldova, Europe
Managing Directors: Ieva Konstantinova, Victoria Ursu
info@omniscriptum.com

Printed at: see last page
ISBN: 978-620-8-37876-9

RECONHECIMENTO

Aproveito esta oportunidade para agradecer ao **Chefe do Departamento de Tecnologias da Informação, Prof. Dr. Pravin Futane**, e ao meu orientador de projeto, **Prof. Dr. Kirti H. Dr. Kirti H. Wanjale**, do **Departamento de Engenharia Informática**, pela sua valiosa orientação e por disponibilizarem todas as facilidades necessárias e indispensáveis para a realização deste relatório de projeto.

Agradeço especialmente à **Prof.ª Dr.ª Varsha Jadhav**, do **Departamento de IA e DS**, pela sua ajuda neste projeto, pelo seu apoio e incentivo ao longo do mesmo. Estou também profundamente grato à **Dra. Suruchi Dedgaonkar** e ao instituto por disponibilizarem as infra-estruturas necessárias, a Internet e a biblioteca.

Tejas Mahadik

RESUMO

A prevalência de problemas de saúde mental representa um desafio significativo para os indivíduos e os sistemas de saúde a nível mundial, muitas vezes exacerbado pelo acesso limitado a uma intervenção profissional atempada e pelo estigma social que desencoraja a procura de ajuda. Para enfrentar estes desafios prementes, este projeto, *Mental Health Assistant Chatbot*, oferece uma solução tecnológica capaz de fornecer apoio empático e personalizado à saúde mental. O chatbot, alimentado pelo modelo de linguagem Llama-2, utiliza o processamento de linguagem natural para envolver os utilizadores em conversas significativas. Através da análise de sentimentos integrada, adapta dinamicamente as suas respostas para se alinharem com os estados emocionais dos utilizadores, garantindo que recebem apoio, orientação e consulta adequados com base nas suas necessidades psicológicas. A interface do chatbot, construída utilizando o Gradio, cria uma plataforma de fácil utilização que incentiva a comunicação aberta, mantendo ao mesmo tempo a privacidade e a acessibilidade do utilizador.

A abordagem inovadora do projeto centra-se na deteção precisa do sentimento do utilizador em tempo real, permitindo respostas adaptadas que vão desde a tranquilização emocional até à orientação prática em matéria de saúde mental. Este comportamento adaptativo é possível graças a um modelo de análise de sentimentos integrado que determina o tom emocional transmitido pela entrada do utilizador. A capacidade de poupança de contexto do chatbot assegura uma experiência personalizada e contínua, retendo as interações anteriores, que são armazenadas através de um conjunto de dados baseado em CSV. Esta função de memória permite que o chatbot se baseie em conversas anteriores, resultando em interações mais profundas e significativas que reflectem a evolução das necessidades dos utilizadores ao longo do tempo. O chatbot funciona como um assistente virtual de saúde mental, capaz de interagir a longo prazo com os utilizadores e prestar apoio ao longo do seu percurso de saúde mental.

Ao integrar a análise de sentimentos consciente do contexto com capacidades de conversação orientadas para a IA, o *Chatbot do Assistente de Saúde Mental* oferece uma solução transformadora no domínio dos cuidados de saúde mental digital. A adaptabilidade e as respostas personalizadas do sistema ajudam a reduzir o estigma e as barreiras associadas aos serviços tradicionais de saúde mental, fornecendo um sistema de apoio discreto, sempre acessível e empático. A sua conceção garante que os utilizadores recebem cuidados adaptados ao seu estado emocional, promovendo, em última análise, um ambiente de apoio que permite que os utilizadores assumam o controlo do seu bem-estar mental. Este projeto destaca o potencial da IA para revolucionar os cuidados de saúde mental, oferecendo a esperança de uma abordagem mais inclusiva, eficaz e escalável para enfrentar os desafios da saúde mental.

Esta iniciativa representa um avanço fundamental nos serviços digitais de saúde mental, em que a tecnologia preenche a lacuna entre os recursos profissionais limitados e a crescente procura de apoio à saúde mental. Ao manter um tom empático, a consciência contextual e a memória de interações anteriores, o chatbot é capaz de criar confiança e envolvimento com os utilizadores ao longo do tempo. A utilização de ferramentas avançadas de IA, como o modelo Llama-2 e os mecanismos de análise de sentimentos, sublinha o potencial das soluções baseadas em IA para prestar cuidados compassivos e com impacto. Através do desenvolvimento e adaptação contínuos, o *Chatbot do Assistente de Saúde Mental* tem como objetivo contribuir para iniciativas de saúde mental mais amplas, oferecendo apoio escalável a quem precisa e criando uma plataforma acessível que dá prioridade ao bem-estar mental para todos.

Índice

CAPÍTULO 1: INTRODUÇÃO

1.1 Panorama geral

Os problemas de saúde mental têm sido uma preocupação crescente a nível mundial, afectando milhões de pessoas de diferentes grupos demográficos. O stress, a ansiedade, a depressão e outras perturbações mentais têm consequências de grande alcance, afectando não só os indivíduos que sofrem destas doenças, mas também a sociedade no seu conjunto. O estigma associado à procura de cuidados de saúde mental, juntamente com a disponibilidade limitada de recursos profissionais e os custos elevados, actua frequentemente como uma barreira para aqueles que necessitam de uma intervenção atempada. Apesar da crescente consciencialização em torno da saúde mental, continuam a existir desafios significativos para garantir que os indivíduos tenham acesso a cuidados personalizados, contínuos e empáticos.

Os avanços tecnológicos no domínio da inteligência artificial (IA) e do processamento da linguagem natural (PNL) abriram novas possibilidades para ultrapassar estes obstáculos. Os chatbots alimentados por IA têm o potencial de fornecer soluções escaláveis, acessíveis e fáceis de utilizar para o apoio à saúde mental. Ao tirar partido das capacidades da IA, os chatbots podem envolver os utilizadores em conversas em tempo real, compreender os seus estados emocionais e oferecer respostas adaptadas para prestar apoio e orientação significativos. Este projeto, o *Mental Health Assistant Chatbot Using Llama-2*, visa colmatar a lacuna existente nos cuidados de saúde mental, oferecendo um assistente virtual capaz de proporcionar interações empáticas e personalizadas através de respostas orientadas pelo sentimento e envolvimento consciente do contexto.

O chatbot proposto utiliza o modelo Llama-2, um modelo de linguagem de grande dimensão (LLM) de última geração, reconhecido pelas suas capacidades de compreensão e geração de linguagem natural. Ao integrar a análise de sentimentos, o chatbot adapta as suas respostas ao tom emocional dos inputs do utilizador, assegurando uma interação compassiva e de apoio. Além disso, a funcionalidade de poupança de contexto do chatbot permite-lhe recordar conversas anteriores, promovendo a continuidade e criando uma experiência mais personalizada para o utilizador. A combinação destas caraterísticas posiciona o chatbot como uma ferramenta valiosa para o apoio à saúde mental, oferecendo aos utilizadores um espaço prontamente disponível, privado e empático para se expressarem e procurarem orientação.

1.2 Motivação

` Os cuidados de saúde mental enfrentam múltiplos desafios, incluindo disparidades geográficas no acesso, estigma social que dissuade os indivíduos de procurar ajuda e uma escassez de profissionais de saúde mental com formação. A pandemia de COVID-19 exacerbou ainda mais os problemas de saúde mental, realçando a necessidade urgente de soluções escaláveis e acessíveis. A terapia tradicional, embora eficaz, é frequentemente limitada por restrições de recursos e dificuldades de agendamento. Os chatbots baseados em IA representam uma oportunidade única para enfrentar estes desafios, fornecendo apoio imediato e permanente que pode complementar as intervenções terapêuticas tradicionais.

A motivação para este projeto advém do desejo de aproveitar a tecnologia de IA para criar um assistente de saúde mental inteligente que possa interagir com os utilizadores de forma empática, adaptando as suas respostas com base no seu estado emocional. O objetivo é proporcionar um ambiente seguro e de apoio onde os utilizadores possam partilhar abertamente os seus sentimentos e receber orientação personalizada. Ao utilizar tecnologias de IA como a Llama-2 e modelos de análise de sentimentos, este projeto procura capacitar os indivíduos para gerirem o seu bem-estar mental, reduzir o estigma associado à procura de apoio à saúde mental e aumentar a acessibilidade para aqueles que mais precisam.

1.3 Definição do problema e objectivos

Apesar da crescente consciencialização sobre a importância da saúde mental, o acesso a cuidados atempados e empáticos continua a ser um desafio significativo para muitos indivíduos. Os serviços tradicionais de saúde mental sofrem frequentemente de constrangimentos como longos tempos de espera, custos elevados, limitações geográficas e estigma social. Isto faz com que um grande número de pessoas não receba os cuidados de que necessita, levando a resultados negativos tanto para os indivíduos como para a sociedade. Os chatbots alimentados por IA podem desempenhar um papel crucial na resolução destes desafios, fornecendo apoio facilmente acessível, económico e empático aos utilizadores.

1.3.1Objectivos do projeto:

- **Desenvolver um chatbot de saúde mental sensível a sentimentos**: O chatbot deve ser capaz de detetar o estado emocional do utilizador utilizando a análise de sentimentos e adaptar as suas respostas para fornecer um apoio adequado e empático.
- **Conversas conscientes do contexto**: Implemente a funcionalidade de poupança de contexto para garantir que o chatbot se consegue lembrar de conversas anteriores, permitindo interações consistentes e personalizadas em várias sessões.
- **Geração de respostas em tempo real**: Utilize o modelo de linguagem Llama-2 para gerar respostas significativas e de apoio em tempo real, permitindo conversas fluidas e envolventes com os utilizadores.
- **Promover a acessibilidade e a privacidade**: Assegurar que o chatbot proporciona um espaço privado, seguro e sem julgamentos para os utilizadores discutirem os seus sentimentos e procurarem orientação sem receio de estigma ou intrusão.

1.3.2Contribuições do projeto

Este projeto contribui para o desenvolvimento de soluções digitais de saúde mental, demonstrando como os modelos de IA mais avançados podem ser utilizados para criar chatbots emocionalmente inteligentes. Ao combinar a análise de sentimentos com LLMs como o Llama-2, o chatbot proporciona aos utilizadores uma experiência de apoio e empatia que se adapta às suas necessidades emocionais. Ao contrário dos chatbots tradicionais que fornecem respostas genéricas, este sistema centra-se no tom emocional e no contexto para proporcionar interações mais significativas e personalizadas. Embora não se destine a substituir a terapia profissional, serve como uma ferramenta auxiliar que pode complementar os serviços de saúde mental existentes e melhorar o acesso aos cuidados.

CAPÍTULO 2: PESQUISA BIBLIOGRÁFICA

ID	Ano, Título, Autor	Metodologia	Limitação	Comparação com o estudo atual
1	**2024** **Eficácia de um chatbot de saúde mental para pessoas com doenças crónicas** MacNeill, A. L., Doucet, S., & Luke, A.	Ensaio controlado aleatório que utilizou um chatbot com categorização de sentimentos e feedback em tempo real em TCC; demonstrou uma melhoria do humor e uma redução da ansiedade.	Limitado a doentes crónicos; o envolvimento e a retenção dos utilizadores são variáveis.	Destaca o impacto dos chatbots na melhoria da saúde mental, semelhante ao objetivo do presente estudo de melhorar o apoio emocional através de interações personalizadas.
2	**2024** **TheraGen: Terapia para todas as gerações**	Plataforma de saúde mental baseada em IA que utiliza a PNL para fornecer terapia personalizada e feedback iterativo com base nas informações do utilizador; inclui uma privacidade de dados rigorosa.	Desafios no tratamento de informações sensíveis e consciência contextual limitada.	Ambos os estudos exploram a aplicação da PNL na saúde mental, mas o TheraGen dá ênfase à privacidade e à terapia específica do paciente, enquanto o estudo atual se centra na empatia em tempo real.
3	**2020** **Chatbot de Inteligência Artificial para a Depressão**	Chatbot específico para a depressão com capacidades de PNL avaliadas num estudo descritivo; centrado no envolvimento do utilizador e no acompanhamento do estado de espírito.	Envolvimento limitado com elevadas taxas de desistência; são necessárias avaliações de usabilidade e eficácia.	O mesmo enfoque é dado à interação e ao envolvimento do utilizador, embora o presente estudo se debruce sobre a empatia consciente do contexto.
4	**2023** **Benefícios e desafios da**	O chatbot "CareCall", alimentado por PNL, foi concebido para indivíduos	Os desafios de personalização a longo prazo e as limitações de memória	Enfatiza objectivos de apoio emocional semelhantes; este estudo aborda a

ID	Ano, Título, Autor	Metodologia	Limitação	Comparação com o estudo atual
	implantação de LLMs na saúde pública **Jo, E., Epstein, D. A., Jung, H., & Kim, Y.-H.**	socialmente isolados, utilizando os LLM para reduzir a carga de trabalho do pessoal de saúde e prestar apoio emocional.	restringem a eficácia.	personalização a longo prazo como uma área a melhorar.
5	**2023** **ChatGPT em Psiquiatria para Diagnóstico Simulado**	Utiliza a engenharia rápida para simular diagnósticos psiquiátricos com o ChatGPT; concebido para imitar as interações médico-doente para uma maior empatia.	A memória limitada e as restrições pré-programadas afectam a personalização e a adaptação às diferentes necessidades de saúde mental.	Partilha o foco na empatia, mas inclui diagnósticos psiquiátricos, o que difere da intenção de apoio emocional no atual estudo do chatbot.
6	**2022** **Chatbots para apoiar a saúde mental dos jovens adultos** Koulouri, T., Macredie, R. D., & Olakitan, D.	Chatbot que utiliza a psicoeducação CBT e PNL destinada a jovens adultos; avaliou a aceitação e o envolvimento dos utilizadores.	A baixa personalização e a limitada integração com o apoio profissional prejudicam a eficácia.	Ambos visam o apoio à saúde mental através da PNL, mas este estudo é específico para jovens adultos, enquanto o estudo atual visa uma aplicabilidade mais ampla.
7	**2024** **Chatbot médico usando Llama 2, IJRASET**	Descreve um chatbot que utiliza Llama-2, Chainlit para a IU e Faiss para a recuperação de dados, a fim de dar respostas exactas a questões médicas.	Desafios na escalabilidade clínica em tempo real e falta de integração com os dados dos doentes em tempo real.	Aplicação semelhante à do Llama-2, mas o estudo atual dá prioridade à saúde mental em detrimento da recuperação de informações médicas mais amplas.
8	**2023**	Foco em chatbots generativos utilizando	Insuficiência de investigação a longo prazo	Aborda a redução dos sintomas de ansiedade e

ID	Ano, Título, Autor	Metodologia	Limitação	Comparação com o estudo atual
	Chatbots transformadores para a depressão e a ansiedade Bird, J. J. & Lotfi, A.	transformadores para apoio à saúde mental com modelos GPT, fornecendo respostas empáticas para apoiar a ansiedade e a depressão.	sobre a eficácia e a integração com os serviços profissionais.	depressão, o que se alinha com o objetivo de apoio emocional do presente estudo.
9	2024 Chatbots de IA para a saúde mental: Scoping Review, Casu, M., Triscari, S., Battiato, S., Guarnera, L., & Caponnetto, P.	Análise de âmbito que avalia a viabilidade e a aplicação de chatbots baseados em IA na saúde mental, abrangendo vários modelos e metodologias.	As questões éticas, a confiança dos utilizadores e a eficácia variada das aplicações são preocupações importantes.	Foco semelhante na eficácia do chatbot na saúde mental; a revisão informa as considerações éticas também discutidas no presente estudo.
10	**2023** **Visão geral das aplicações móveis de saúde mental baseadas em chatbots,** Haque, M. D. R., & Rubya, S.	Analisa as caraterísticas dos chatbots móveis para a saúde mental com base nas descrições das aplicações e no feedback dos utilizadores, destacando a terapia baseada na IA e a qualidade da conversação.	A confiança dos utilizadores e a privacidade dos dados continuam a ser questões importantes que necessitam de ser melhoradas.	O presente estudo explora o apoio à saúde mental orientado para a IA através de abordagens semelhantes orientadas para a empatia, sublinhando a necessidade de confiança e privacidade.
11	**2022** **Bunji: Chatbot baseado em IA com terapia de ativação comportamental**	Chatbot que oferece terapia de ativação comportamental personalizada e monitorização remota do humor através da interação.	A escalabilidade e a longevidade das aplicações em cenários reais são um desafio.	Alinha-se com a utilização, no presente estudo, da empatia nas interações com o chatbot; acrescenta o enfoque na terapia comportamental.

ID	Ano, Título, Autor	Metodologia	Limitação	Comparação com o estudo atual
	Rathnayaka, P., et al.			
12	**2021** **Chatbot de terapia para alívio do stress,** Kapoor, P., Agrawal, P., & Ahmad, Z.	Chatbot de terapia construído com DialogFlow e Flutter para promover discussões anónimas sobre saúde mental, oferecendo mecanismos de sobrevivência.	Falta uma análise comparativa com a terapia humana e a eficácia a longo prazo.	O estudo atual acrescenta memória de contexto e personalização para uma interação sustentada.
13	**2021** **Um sistema de chatbot para cuidados de saúde mental** Das, M. & Kumar Prasad, S.	Utiliza a PNL e a TCC para orientar os utilizadores através de desafios de saúde mental; incorpora a gestão de pensamentos negativos nas respostas do chatbot.	Eficácia limitada em casos complexos e falta de integração com os terapeutas humanos.	O enfoque na integração do CBT complementa a abordagem do presente estudo baseada no sentimento e consciente do contexto.
14	**2020** **Chatbot orientado por PNL para terapia da depressão** R. Raut et al.	RCT que avalia um chatbot baseado em PNL para o tratamento da depressão; divide os participantes em grupos de terapia com chatbot e de controlo.	A exatidão e as preocupações éticas devem ser melhoradas, especialmente no que diz respeito à confiança e à privacidade.	Utilização semelhante da PNL na gestão da depressão; o estudo atual alarga-se a um apoio emocional mais amplo.
15	**2024** **Chatbot de aconselhamento psiquiátrico com análise de diálogo emocional,**	O chatbot utiliza a deteção de emoções e a geração de frases para melhorar o aconselhamento em matéria de saúde mental e orientar os utilizadores sobre temas delicados.	Eficácia limitada em casos complexos e prolongados de saúde mental.	O estudo atual dá igualmente ênfase à análise emocional, mas acrescenta a memória de contexto para melhorar a coerência.

ID	Ano, Título, Autor	Metodologia	Limitação	Comparação com o estudo atual
	Publicação da Conferência do IEEE			
16	**2024** **Melhorar a saúde mental com a integração da IA** Olawade, D. B., et al.	Analisa as aplicações da IA na saúde mental, com exemplos como o Kintsugi, que oferece percepções emocionais e estabelece a ligação com terapeutas humanos para melhorar os cuidados.	A privacidade e a necessidade de quadros de interação entre a IA e o ser humano continuam a ser desafios.	Partilha a ênfase na integração da IA na saúde mental; destaca considerações éticas e necessidades regulamentares.
17	**2022** **Visão geral da IA e da psiquiatria no pós-COVID** Era, Ray, A., et al.	Visão geral do papel da IA na psiquiatria pós-COVID, especialmente na Índia; discute várias aplicações de IA nos cuidados de saúde mental.	Conhecimento limitado do papel e da eficácia da IA em diferentes contextos culturais.	Reforça a necessidade de IA na saúde mental, alinhando-se com o foco do presente estudo em ferramentas de saúde mental acessíveis.
18	**2024** **Intervenções digitais de saúde mental e IA na terapia** Shulammite, M., et al.	Analisa as intervenções digitais e de IA na saúde mental, abrangendo aplicações para smartphones e ferramentas da Internet para um acesso alargado à terapia.	A eficácia varia e a integração com os cuidados de saúde tradicionais requer mais estudos.	Destaca a acessibilidade da IA na saúde mental; o presente estudo utiliza metodologias de IA semelhantes com ênfase no envolvimento emocional.
19	**2024** **A IA na saúde mental positiva: Revisão Narrativa**	Discute as vantagens da IA e os desafios éticos na promoção da saúde mental positiva através de intervenções personalizadas,	A falta de planos de implementação específicos e a parcialidade dos modelos de IA continuam a ser	Partilha os objectivos de melhoria positiva da saúde mental, mas difere do foco do presente estudo na empatia do utilizador e nas

ID	Ano, Título, Autor	Metodologia	Limitação	Comparação com o estudo atual
	Thakkar, A., Gupta, A., & De Sousa, A.	enfatizando a necessidade de redução de preconceitos.	motivo de preocupação.	respostas baseadas no sentimento.
20	**2023** **IA nos cuidados de saúde mental: Progressos e desafios,** Espejo, G., Reiner, W., & Wenzinger, M.	Destaca o papel da IA na monitorização dos doentes, nos diagnósticos e nos algoritmos preditivos, com aplicações como os wearables para a integração de dados em tempo real.	A privacidade, os preconceitos e a confiança entre o médico e o doente são desafios fundamentais, especialmente no que diz respeito à tecnologia vestível.	O estudo atual centra-se na IA de conversação, dando ênfase ao contexto e à continuidade emocional, diferindo das aplicações vestíveis e de diagnóstico.

Revisão dos sistemas existentes

O desenvolvimento de chatbots de saúde mental orientados por IA tem sido um tema de interesse crescente, dado o seu potencial para colmatar as lacunas na acessibilidade aos cuidados de saúde mental, no envolvimento dos utilizadores e no apoio personalizado. Os sistemas existentes neste domínio variam significativamente nas suas caraterísticas, capacidades, limitações e eficácia. Segue-se uma análise abrangente do estado atual desses sistemas, comparando as suas abordagens, metodologias, pontos fortes e desafios. Esta análise comparativa tem como objetivo posicionar as contribuições do Chatbot do Assistente de Saúde Mental em relação aos sistemas existentes, destacando áreas de avanço, lacunas comuns e oportunidades de melhoria.

1. Análise de sentimentos e sistemas de deteção de emoções

Muitos chatbots de saúde mental existentes utilizam modelos de análise de sentimentos para avaliar os estados emocionais dos utilizadores. Estes sistemas baseiam-se em técnicas de processamento de linguagem natural (PNL) para classificar as entradas dos utilizadores em categorias de sentimento predefinidas, como positivo, neutro ou negativo. Ao fazê-lo, os chatbots adaptam as suas respostas para fornecer um feedback empático e contextualmente adequado. Embora esta abordagem permita um nível básico de personalização, continuam a existir desafios na interpretação exacta de expressões emocionais com nuances, sarcasmo ou emoções mistas.

- **Pontos fortes**: A análise de sentimentos permite um mecanismo de resposta mais sensível às emoções, promovendo a confiança e o conforto do utilizador.

- **Limitações**: Muitos sistemas têm dificuldades com a exatidão, particularmente em entradas complexas ou altamente emocionais. Isto pode resultar em respostas que são percepcionadas como inadequadas ou sem empatia.

- **Comparação**: O Chatbot Assistente de Saúde Mental vai para além destes mecanismos básicos, afinando os modelos de sentimento para cenários de saúde mental, garantindo respostas mais matizadas e sensíveis

2. Memória contextual e sistemas de interação a longo prazo

A retenção do contexto de conversação em múltiplas interações é outra área em que os sistemas existentes diferem. Muitos chatbots oferecem apenas uma memória baseada na sessão, o que significa que podem recordar as entradas passadas durante uma única interação, mas "esquecem-nas" quando a sessão termina. Esta limitação prejudica o envolvimento terapêutico a longo prazo, uma vez que impede o chatbot de desenvolver conversas anteriores.

- **Pontos fortes**: A retenção do contexto a curto prazo pode melhorar o fluxo imediato da conversa, tornando as interações mais coerentes e significativas durante uma sessão.

- **Limitações**: A falta de memória persistente impede a eficácia terapêutica a longo prazo, uma vez que os utilizadores têm de fornecer repetidamente informações de base, reduzindo a utilidade percebida do sistema.

- **Comparação**: O Chatbot do Assistente de Saúde Mental aborda esta lacuna mantendo o histórico de conversação ao longo das sessões, utilizando um módulo de memória de contexto estruturado. Isto permite interações personalizadas que evoluem com base no histórico do utilizador, promovendo um envolvimento mais profundo e a continuidade dos cuidados.

3. Chatbots baseados em modelos de linguagem ampla (LLM)

Com o advento dos grandes modelos de linguagem (LLM), como os modelos baseados em GPT e Llama-2, muitos sistemas oferecem atualmente conversas mais sofisticadas e semelhantes às humanas. Estes modelos utilizam dados extensivos pré-treinados para compreender e gerar respostas contextualmente relevantes. Os chatbots baseados em LLM oferecem flexibilidade no tratamento de uma vasta gama de entradas e podem simular a profundidade da conversação.

- **Pontos fortes**: Os LLMs são excelentes na geração de respostas diversas e coerentes que imitam a conversação humana. Eles podem lidar com consultas complexas e adaptar as respostas a diferentes contextos.

- **Limitações**: Os sistemas baseados em LLM existentes sofrem frequentemente de limitações na geração de respostas personalizadas. Sem um ajustamento adequado para casos de utilização na área da saúde mental, estes sistemas podem produzir respostas genéricas ou mesmo contraproducentes. Além disso, as suas exigências computacionais e potenciais enviesamentos apresentam desafios para a sua aplicação prática.

- **Comparação**: O Chatbot Assistente de Saúde Mental afina o modelo Llama-2 especificamente para cenários de saúde mental, melhorando a sua capacidade de fornecer respostas exactas, de apoio e conscientes do contexto. Este ajuste fino garante que as respostas não são apenas contextualmente relevantes, mas também empáticas e alinhadas com os protocolos terapêuticos.

4. Mecanismos de envolvimento e retenção de utilizadores

O envolvimento do utilizador é um fator crítico para determinar a eficácia dos chatbots de saúde mental. Os sistemas existentes utilizam uma variedade de estratégias, desde percursos de conversação guiados a exercícios interactivos e rastreio do estado de espírito. No entanto, manter o envolvimento a longo prazo continua a ser um desafio devido ao desgaste do utilizador e aos diferentes níveis de personalização.

- **Pontos fortes**: Os sistemas que oferecem elementos interactivos e caraterísticas gamificadas têm frequentemente um maior envolvimento a curto prazo.

- **Limitações**: São comuns taxas de desgaste elevadas, com os utilizadores a desistirem frequentemente após uma ou duas sessões. A personalização limitada e a falta de estratégias de tratamento à medida contribuem para este problema.

- **Comparação**: O Chatbot do Assistente de Saúde Mental enfatiza o envolvimento contínuo, personalizando as respostas com base no sentimento e no contexto, adaptando-se às necessidades únicas e ao estado emocional de cada utilizador. Esta abordagem individualizada, combinada com a memória de contexto, cria uma experiência terapêutica mais personalizada, reduzindo o desgaste do utilizador.

5. Privacidade dos dados e considerações éticas

O tratamento de dados sensíveis relativos à saúde mental apresenta desafios únicos relacionados com a privacidade e a ética dos dados. Muitos sistemas existentes dão prioridade à privacidade do utilizador através de medidas como a anonimização dos dados, evitando o armazenamento de registos de conversação e aderindo a normas rigorosas de proteção de dados. No entanto, subsistem preocupações quanto a potenciais violações de dados, ao tratamento ético de conversas sensíveis e ao impacto das decisões da IA no bem-estar do utilizador.

- **Pontos fortes**: A priorização da segurança dos dados e das considerações éticas cria confiança no utilizador e alinha-se com regulamentos como o GDPR e a HIPAA.

- **Limitações**: Apesar das medidas rigorosas, as implicações éticas do apoio à saúde mental baseado na IA levantam questões em torno do enviesamento, da fiabilidade e dos limites das respostas automatizadas em contextos sensíveis.

- **Comparação**: O Chatbot do Assistente de Saúde Mental integra medidas robustas de segurança e privacidade de dados, ao mesmo tempo que aborda preocupações éticas através de mecanismos de transparência e consentimento do utilizador. A utilização, por parte do chatbot, de registos de conversação anónimos e de controlos de acesso rigorosos garante que os dados sensíveis são tratados de forma responsável.

6. Gestão de crises e resposta a emergências

Nos cenários em que os utilizadores se encontram em situação de perigo ou crise aguda, os chatbots existentes dependem frequentemente de respostas estáticas ou de protocolos de escalonamento predefinidos. Embora alguns sistemas consigam detetar situações de emergência, a sua capacidade de intervir de forma significativa continua a ser limitada sem supervisão humana.

- **Pontos fortes**: Os protocolos de crise estáticos fornecem um nível básico de segurança, orientando os utilizadores para contactos ou recursos de emergência.

- **Limitações**: As respostas estáticas podem não responder adequadamente às necessidades individuais durante uma crise e carecem da flexibilidade necessária para uma intervenção sensível e em tempo real.

- **Comparação**: O Chatbot do Assistente de Saúde Mental integra mecanismos de deteção de crises orientados para os sentimentos, aumentando a sua capacidade de responder com empatia aos utilizadores em dificuldades, ao mesmo tempo que encaminha os casos críticos para intervenção humana, quando necessário.

7. Caraterísticas multilingues e de acessibilidade

Expandir o alcance dos chatbots de saúde mental requer suporte para diversas línguas e funcionalidades de acessibilidade para utilizadores com deficiências. Embora alguns sistemas tenham começado a incorporar capacidades multilingues, muitos ainda são limitados no seu alcance e inclusão.

- **Pontos fortes**: As capacidades multilingues alargam o acesso ao apoio em matéria de saúde mental, em especial nas regiões mal servidas.

- **Limitações**: As barreiras linguísticas, as nuances culturais e a acessibilidade para os utilizadores com deficiência continuam a ser desafios para a maioria dos sistemas.

- **Comparação**: Embora a implementação atual do Chatbot do Assistente de Saúde Mental se concentre principalmente no inglês, a sua arquitetura pode ser alargada para suportar vários idiomas e melhorias de acessibilidade, tornando-a uma solução escalável e inclusiva

Conclusão da revisão

O Chatbot do Assistente de Saúde Mental baseia-se e melhora os sistemas existentes através de uma abordagem mais refinada da análise de sentimentos, da interação consciente do contexto e do apoio personalizado ao utilizador. Ao abordar as limitações na retenção de memória, geração de respostas, envolvimento do utilizador e considerações éticas, estabelece-se como uma ferramenta robusta e adaptável no campo dos cuidados de saúde mental orientados para a IA. Esta análise comparativa demonstra como as caraterísticas inovadoras do chatbot o posicionam como um complemento valioso para os serviços tradicionais de apoio à saúde mental, abrindo caminho para futuros avanços e aplicações mais amplas.

CAPÍTULO 3: OBJECTIVOS

1. **Desenvolver uma interface Chatbot de apoio à saúde mental**

Criar um chatbot avançado de saúde mental que actue como um psiquiatra virtual, facilitando interações significativas e de apoio com os utilizadores. Este objetivo dá ênfase à criação de uma interface que seja intuitiva e acessível para garantir a facilidade de utilização por parte dos indivíduos que procuram apoio em matéria de saúde mental. O chatbot deve tratar delicadamente temas sensíveis e manter uma abordagem centrada no utilizador ao longo das suas interações.

2, **Integrar a análise de sentimentos para uma melhor compreensão do utilizador**

Incorporar capacidades de análise de sentimentos para detetar e interpretar automaticamente o tom emocional das entradas do utilizador. Esta funcionalidade permite que o chatbot adapte as suas respostas com base no estado emocional do utilizador, fornecendo apoio personalizado que se alinha com as suas necessidades actuais de saúde mental. Isto garante respostas empáticas e contextualmente adequadas para criar uma experiência terapêutica significativa.

3. **Utilizar o modelo de linguagem Llama-2 para respostas contextualmente relevantes**

Utilizar o modelo Llama-2 para gerar respostas contextualmente relevantes, precisas e de apoio. O modelo deve ser afinado e integrado de forma a alinhar-se com os protocolos de assistência à saúde mental, centrando-se na melhoria dos resultados dos doentes, na criação de confiança e na promoção do envolvimento contínuo. As respostas geradas devem dar prioridade ao bem-estar do utilizador, à empatia e ao profissionalismo.

4. **Implementar a memória de contexto para a continuidade da conversação**

Desenvolver um sistema de retenção de contexto que permita ao chatbot recordar interações passadas, mantendo um fluxo de conversação consistente e relevante em várias sessões. Este objetivo visa fornecer planos de tratamento personalizados e criar confiança no utilizador, garantindo que o chatbot pode oferecer apoio a longo prazo adaptado ao percurso de cada indivíduo.

5. **Otimizar o ajuste do tom com base na frase e a geração de respostas**

Concentrar-se em aperfeiçoar a análise de sentimentos e os mecanismos de resposta para garantir que o chatbot fornece um tom de apoio e empatia que se adapta dinamicamente às mudanças nos sinais emocionais do utilizador. Isto inclui a redução de imprecisões na interpretação de sentimentos e a melhoria da consciência contextual para responder eficazmente a preocupações de saúde mental com nuances.

6. **Incorporar um sistema de armazenamento de QA baseado em CSV**

Implementar um sistema baseado em CSV para armazenar pares de perguntas e respostas (QA) para manter o histórico da conversa. Esta abordagem visa otimizar a recuperação de respostas relevantes durante as interações, apoiando o objetivo do chatbot de oferecer continuidade e basear-se em consultas anteriores para reforçar o envolvimento do utilizador.

7. **Assegurar o tratamento seguro e confidencial dos dados**

Dar prioridade à segurança, confidencialidade e privacidade dos dados em todas as interações e processos de armazenamento de dados. Este objetivo implica a implementação de medidas de segurança robustas para proteger as informações dos utilizadores, aderindo a normas éticas e regulamentos de proteção de dados para incutir confiança nos utilizadores, mantendo um ambiente terapêutico seguro.

8. **Ativar a interface de chat baseada em Gradio para interações perfeitas**

Utilizar o Gradio como interface de conversação principal para facilitar as interações dos utilizadores em tempo real e sem problemas. Este objetivo procura proporcionar uma experiência visualmente apelativa e de fácil utilização que melhore a acessibilidade e a capacidade de resposta durante as conversas, garantindo que os utilizadores recebem apoio imediato e personalizado em matéria de saúde mental.

9. **Conduzir a otimização do desempenho para a interação em tempo real**

Otimizar o desempenho das capacidades de geração de respostas e de análise de sentimentos do chatbot para proporcionar interações em tempo real. Isto implica minimizar a latência da resposta, melhorar a eficiência do algoritmo e garantir que o chatbot se mantém recetivo, mesmo durante sessões prolongadas ou com elevada procura por parte dos utilizadores.

11. **Apoiar conversas contínuas até à resolução do problema pelo utilizador**

Conceber o chatbot para permitir um apoio contínuo até que o utilizador sinta que as suas preocupações de saúde mental foram resolvidas ou decida terminar a sessão. Este objetivo centra-se na promoção de um sentido de continuidade, cuidado e adaptabilidade na abordagem do chatbot, oferecendo um envolvimento consistente para ajudar os utilizadores a atingir os seus objectivos terapêuticos.

12. **Resultados da investigação e dos documentos para contribuição académica**

Gerar valiosos conhecimentos de investigação a partir da implementação do chatbot, das interações dos utilizadores e dos dados de desempenho para contribuir para a literatura académica nos domínios da saúde mental e das ferramentas terapêuticas baseadas na IA. Este objetivo enfatiza a documentação detalhada de metodologias, desafios e resultados para fins de desenvolvimento, investigação e publicação.

13. **Adaptar-se a abordagens de tratamento individualizadas com base em dados de sentimento**

Utilizar dados de análise de sentimentos para adaptar estratégias de tratamento individualizadas para os utilizadores, incluindo o fornecimento de respostas terapêuticas específicas, recursos e exercícios. Este objetivo visa adaptar o tratamento aos estados emocionais dos utilizadores, promovendo uma jornada terapêutica mais personalizada, compassiva e orientada para os objectivos.

14. **Facilitar percursos do utilizador em várias sessões com planos de tratamento personalizados**

Desenvolver capacidades para criar planos de saúde mental personalizados que evoluam ao longo do tempo com base no progresso e nas interações do utilizador. O percurso de cada utilizador deve ser acompanhado, permitindo que o chatbot adapte estratégias, recomende exercícios e ajuste a sua abordagem à medida que o utilizador passa por diferentes fases do seu percurso terapêutico.

15. **Integrar ciclos de feedback para melhoria contínua**

Estabelecer mecanismos para recolher o feedback dos utilizadores após as interações, que pode ser utilizado para melhorar a precisão da análise de sentimentos, a adequação das respostas e a satisfação geral dos utilizadores. Este feedback contínuo pode conduzir ao aperfeiçoamento do chatbot e garantir o seu alinhamento com a evolução das necessidades dos utilizadores.

16. **Utilizar capacidades multilingues para alargar a acessibilidade**

Expandir a acessibilidade do chatbot através da integração de suporte multilingue, permitindo interações com utilizadores de diferentes origens linguísticas. Isto garante que mais pessoas possam beneficiar do apoio à saúde mental, independentemente da sua língua preferida.

17. **Desenvolver protocolos de intervenção em situações de crise**

Implementar um protocolo para identificar e responder a utilizadores em crise ou que apresentem sinais de sofrimento grave. O chatbot deve ser capaz de encaminhar esses casos para intervenção humana, fornecer informações de contacto para linhas de crise e utilizar respostas especializadas que dêem prioridade à segurança imediata.

18. **Reforçar a inteligência emocional através da aprendizagem adaptativa**

Utilizar algoritmos de aprendizagem adaptativa que refinam a compreensão dos contextos emocionais por parte do chatbot ao longo do tempo. Esta capacidade deve melhorar a sua capacidade de detetar mudanças subtis no estado emocional, tornando as suas respostas cada vez mais empáticas e precisas.

19. **Permitir a acessibilidade entre plataformas para um maior alcance dos utilizadores**

Disponibilizar o chatbot em várias plataformas, incluindo a Web, aplicações móveis e outras
canais de comunicação, para garantir que os utilizadores possam interagir com ela no seu ambiente preferido.

20. **Integrar exercícios e recursos interactivos de saúde mental**

Fornecer exercícios guiados, práticas de atenção plena e outros recursos terapêuticos adaptados às necessidades do utilizador com base no seu estado emocional e interações anteriores. Isto cria uma abordagem holística aos cuidados de saúde mental para além do apoio à conversação.

21. **Efetuar testes e validações rigorosos dos modelos de IA e de sentimento**

Efetuar testes extensivos e processos de validação para todos os componentes de IA, incluindo modelos de análise de sentimentos e a integração do modelo de linguagem Llama-2. Isto garante que o chatbot permanece fiável, seguro e eficaz, minimizando o risco de erros ou respostas inadequadas.

22. **Foco na inclusão dos utilizadores e nas necessidades de acessibilidade**

Certifique-se de que a interface e as funcionalidades do chatbot cumprem as normas de acessibilidade, tornando-o fácil de utilizar por pessoas com deficiência, incluindo suporte para leitores de ecrã, métodos de introdução alternativos e interfaces visualmente distintas.

23. **Tirar partido das práticas éticas de IA para uma gestão responsável das interações**

Manter a adesão estrita às práticas éticas de IA, como garantir a transparência dos dados, mitigar vieses na geração de respostas e desenvolver políticas que se alinhem com os padrões éticos de saúde mental para cuidados virtuais.

24. **Criar painéis de análise de dados e de informações para profissionais**

Crie painéis de visualização de dados para apresentar informações agregadas (mantendo o anonimato do utilizador) para profissionais de saúde mental. Esta funcionalidade pode ajudar a compreender tendências, identificar necessidades e melhorar estratégias de intervenção com base em dados de interação agregados.

25. **Incorporar o acesso baseado em funções para administradores e programadores**

Permitir que diferentes funções (por exemplo, administradores, programadores, investigadores) acedam a caraterísticas, configurações ou análises de dados específicas, melhorando a funcionalidade, a segurança e a transparência operacional do sistema.

CAPÍTULO 4: SISTEMA PROPOSTO

4.1. Arquitetura do sistema

O sistema de chatbot para a saúde mental foi concebido para prestar apoio personalizado à saúde mental utilizando tecnologias orientadas para a IA, tirando partido especificamente do modelo Llama-2 para o processamento de linguagem natural. A arquitetura é composta por vários módulos interligados, cada um com uma função distinta para garantir uma interação reactiva e empática com os utilizadores.

4.1.1 Componentes da arquitetura:

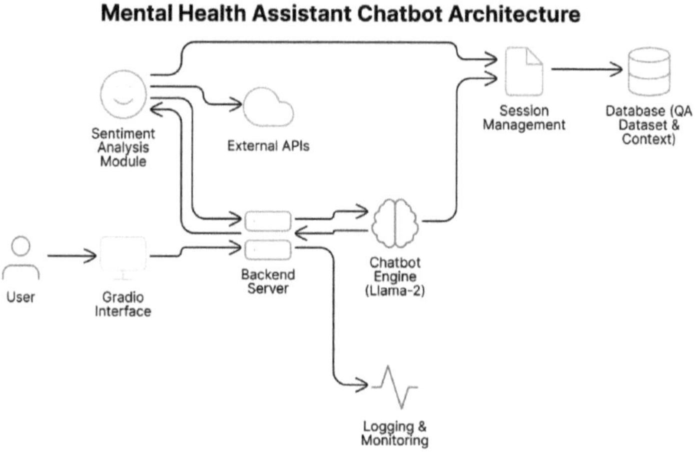

Fig 4.1.1: Conceção da arquitetura do sistema

1. **Interação com o utilizador (Interface Gradio):**
   - Os utilizadores interagem com o chatbot através de uma **interface Gradio** de fácil utilização, que lhes permite introduzir perguntas ou preocupações baseadas em texto.
   - A interface serve de ponto de entrada para todas as interações, capturando as entradas do utilizador e apresentando as respostas do chatbot em tempo real.

2. **Servidor de backend:**
   - O servidor backend trata da comunicação entre a interface do utilizador e os módulos de processamento principais.
   - Encaminha as entradas do utilizador para vários componentes, incluindo a análise de sentimentos e o motor do chatbot.

3. **Módulo de análise de sentimentos:**

- o Este módulo analisa o tom emocional das entradas do utilizador utilizando o modelo **de análise de sentimentos VADER**.
- o Classifica as entradas em sentimentos positivos, neutros ou negativos, permitindo que o chatbot ajuste o seu tom de resposta em conformidade.
- o As pontuações de sentimento também são enviadas para as APIs externas, se necessário, para um maior refinamento.

4. **Motor de chatbot (modelo Llama-2):**
   - o O coração do sistema, utilizando **Llama-2** para gerar respostas contextualmente relevantes e emocionalmente sensíveis.
   - o O modelo é aperfeiçoado para reconhecer conversas relacionadas com a saúde mental e dar respostas empáticas.
   - o O motor do chatbot integra o histórico de conversas anteriores da base de dados para manter o contexto e a coerência.

5. **Gestão de sessões e base de dados:**
   - o Este componente assegura a continuidade das interações dos utilizadores, gerindo sessões e armazenando dados de conversas anteriores numa base de **dados QA Dataset & Context**.
   - o Os dados armazenados ajudam o chatbot a manter o contexto das sessões em curso, melhorando a sua capacidade de prestar um apoio consistente.

6. **APIs externas:**
   - o As APIs são utilizadas para melhorar a funcionalidade do chatbot, como o acesso a conjuntos de dados de sentimentos externos ou o enriquecimento de respostas com recursos terapêuticos.
   - o Servem de apoio auxiliar ao motor principal do chatbot, fornecendo informações adicionais sempre que necessário.

7. **Registo e monitorização:**
   - o Todas as interações são registadas para monitorizar o desempenho, garantir a fiabilidade do sistema e realizar novas melhorias.
   - o O sistema de monitorização também regista as tendências de sentimento ao longo do tempo, o que pode ser útil para a análise da saúde mental a longo prazo.

4.1.2 Fluxograma

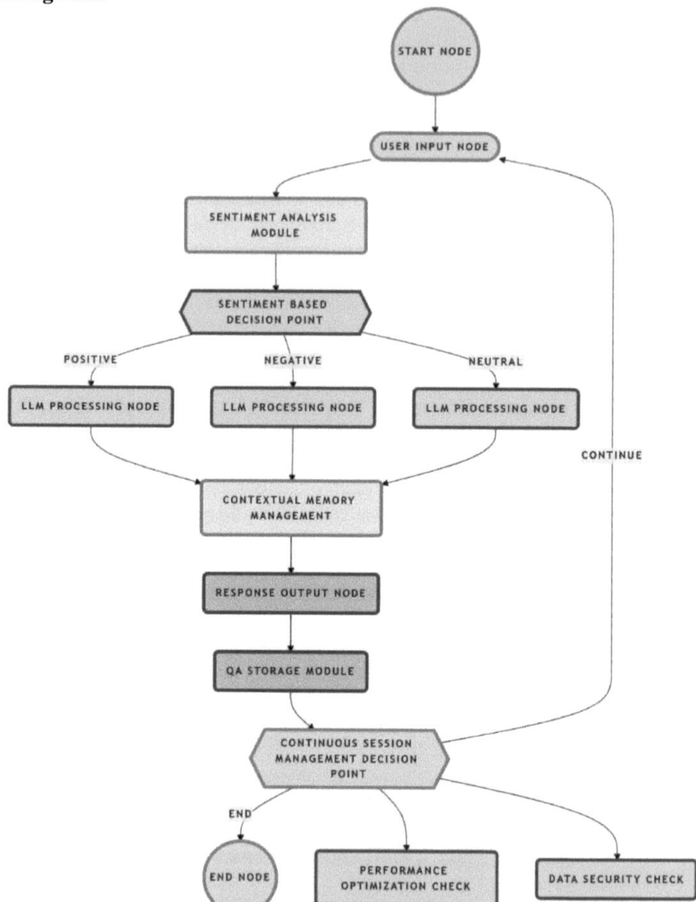

Fig. 4.1.2: Fluxograma

4.2. Modelo matemático / Algoritmos

A funcionalidade central do chatbot assenta em vários algoritmos e modelos, combinando processamento de linguagem natural (PNL), análise de sentimentos e compreensão contextual.

4.2.1Representação matemática:

- **Análise do sentimento (modelo VADER):**
  - O modelo VADER atribui pontuações de polaridade à entrada do utilizador utilizando:

$$\text{Sentiment Score} = \frac{P_{pos} - P_{neg}}{P_{pos} + P_{neg} + P_{neu}}$$

4.2.2 Geração de respostas contextuais (modelo Llama-2):

- O modelo Llama-2 utiliza **uma arquitetura baseada em transformadores**:

$$h_i = \text{LayerNorm}(X_i + \text{MultiHead}(Q_i, K_i, V_i))$$

$$Y_i = \text{FeedForward}(h_i) + h_i$$

Onde X_i é o token embedding de entrada, e Q_i , K_i , V_i são as matrizes de consulta, chave e valor calculadas a partir da entrada

4.2.3 Gestão do diálogo:

- Um **sistema de memória contextual** mantém uma representação vetorial de conversas anteriores:

$$C_t = \sum_{i=1}^{n} w_i \cdot R_i$$

Em que C_t é o vetor de contexto no momento t_1 , R_i representa as respostas anteriores e w_i são os pesos atribuídos com base na atualidade.

4.2.4 Algoritmos:

1. **Pré-processamento:**
   - Tokenização e remoção de stop-word usando os tokenizadores do Hugging Face.
   - O pré-processamento da análise de sentimentos inclui minúsculas, remoção de pontuação e filtragem de caracteres especiais.
2. **Afinação do modelo:**
   - **O Llama-2** é aperfeiçoado em conjuntos de dados relacionados com a saúde mental utilizando a aprendizagem por transferência.
   - A função de perda optimizada durante o treino:

$$\mathcal{L} = -\sum_{i=1}^{N} \log P(y_i|x_i)$$

3. **Geração de respostas:**

- Utiliza a pesquisa de feixes para encontrar a sequência de palavras mais provável.

4.2.5 Módulos - Desenvolvidos para a lógica empresarial

1. Módulo de gestão das interações com os utilizadores

- **Criação e gestão de perfis de utilizador**: Trata da criação, armazenamento e atualização de perfis de utilizador, incluindo o acompanhamento do histórico de conversas, preferências e planos de tratamento personalizados.

- **Gestão de sessões**: Gere as sessões de utilizador para garantir transições suaves entre interações, incluindo autenticação, duração da sessão e continuidade entre sessões.

2. Módulo de análise de sentimentos

- **Motor de deteção de sentimentos**: Analisa as entradas do utilizador para detetar estados emocionais (por exemplo, feliz, triste, ansioso) utilizando modelos pré-treinados.

- **Personalização de respostas com base em sentimentos**: Adapta as respostas com base no sentimento detectado para garantir respostas empáticas e contextualmente relevantes.

- **Afinação do modelo de sentimentos**: Optimiza continuamente os modelos de sentimento para melhorar a precisão utilizando mecanismos de feedback e de reciclagem.

3. Módulo de integração do modelo linguístico

- **Integração Llama-2**: Facilita as interações com o modelo de linguagem Llama-2 para gerar respostas contextualmente relevantes e precisas.

- **Validação de respostas**: Assegura que as respostas seguem as melhores práticas de saúde mental, verificando a sua adequação, relevância e tom.

- **Gestão da memória contextual**: Mantém a continuidade do contexto entre conversas, armazenando e recuperando interações passadas.

4. Módulo de armazenamento e recuperação de dados

- **Armazenamento de QA baseado em CSV**: Armazena pares de perguntas e respostas para histórico de conversas e referência rápida.

- **Gestão de bases de dados**: Gere o armazenamento de dados estruturados para perfis de utilizadores, registos de interação, dados de sentimentos, etc., com medidas robustas de segurança de dados.

- **Recuperação de contexto**: Recupera contextos de conversação anteriores para manter respostas consistentes em todas as sessões.

5. Módulo de geração e otimização de respostas

- **Ajuste de tom**: Refina as respostas com base nos dados de sentimento para fornecer respostas de apoio e empáticas.

- **Tratamento de respostas em tempo real**: Optimiza a geração de respostas para garantir uma latência mínima durante as interações.

- **Personalização da linguagem e das respostas**: Adapta as respostas às necessidades do utilizador, incluindo preferências linguísticas e requisitos terapêuticos específicos.

6. Módulo de segurança e privacidade dos dados

- **Encriptação de dados**: Protege os dados sensíveis do utilizador, tanto em trânsito como em repouso.

- **Controlo de acesso**: Garante que apenas o pessoal autorizado pode aceder a dados sensíveis.

- **Gestão do consentimento do utilizador**: Gere a utilização de dados e os acordos de privacidade com os utilizadores para cumprir os regulamentos.

7. Módulo de Feedback e Aprendizagem

- **Recolha de feedback do utilizador**: Recolhe o feedback dos utilizadores para melhorar as respostas e a precisão do chatbot.

- **Ciclo de melhoria do modelo**: Utiliza dados de feedback para aperfeiçoar continuamente os modelos de IA para análise de sentimentos e geração de linguagem.

8. Módulo de Intervenção em Crise

- **Algoritmos de deteção de crises**: Identifica utilizadores em perigo ou em crise utilizando critérios predefinidos e marcadores de sentimento.

- **Tratamento da resposta de emergência**: Fornece contactos de emergência, encaminha para intervenção humana ou toma outras medidas imediatas quando necessário.

9. Módulo de apoio à acessibilidade e a várias línguas

- **Processamento em vários idiomas**: Assegura que as respostas podem ser geradas e compreendidas em vários idiomas.
- **Caraterísticas de acessibilidade**: Incorpora ajustes na interface do utilizador e na experiência para acomodar utilizadores com necessidades diferentes (por exemplo, leitores de ecrã, métodos de introdução alternativos).

10. Módulo de integração

- **Gestão da interface Gradio**: Facilita a integração com o Gradio para proporcionar uma experiência de conversação sem problemas.
- **Integração de plataformas**: Permite que o chatbot funcione com outras plataformas (por exemplo, aplicações Web, aplicações móveis, etc.) para uma experiência de utilizador consistente.

11. Módulo de análise de dados e informações

- **Análise de utilização**: Acompanha as métricas de envolvimento do utilizador, as tendências de sentimento e outros pontos de dados importantes.
- **Relatórios e visualização**: Gera relatórios visuais e resumos para administradores ou profissionais de saúde mental.

4.2.6 Perspetiva do produto

O Chatbot do Assistente de Saúde Mental foi concebido para funcionar como um sistema virtual de apoio à saúde mental inteligente e acessível que oferece interações significativas, orientação e respostas empáticas aos utilizadores que procuram assistência em matéria de saúde mental. Como produto, integra capacidades avançadas de processamento de linguagem natural e análise de sentimentos para prestar cuidados personalizados, promovendo o envolvimento contínuo e um ambiente de apoio. Os seguintes aspectos captam a perspetiva do produto:

1. Contexto do sistema

O Chatbot do Assistente de Saúde Mental funciona como uma aplicação autónoma com pontos de integração para vários serviços e ferramentas externos, como modelos de linguagem pré-treinados e estruturas de análise de sentimentos. O chatbot pode ser acedido através de uma interface Web utilizando o Gradio e pode ser alargado a plataformas móveis para chegar a um público mais vasto.

2. Relação com outros sistemas

O chatbot interage e depende de vários componentes externos e internos para prestar um apoio abrangente:

- **Modelo de linguagem Llama-2**: Este modelo pré-treinado é responsável por gerar respostas contextualmente relevantes e empáticas aos inputs do utilizador. O chatbot afina o modelo Llama-2 para responder às necessidades únicas dos utilizadores num ambiente terapêutico.

- **Motor de análise de** sentimentos: Ao utilizar ferramentas de análise de sentimentos, o chatbot detecta e interpreta as emoções do utilizador em tempo real, permitindo-lhe adaptar o seu tom e estratégia de resposta em conformidade.

- **Interface Gradio**: Fornece uma interface de conversação simples e fácil de utilizar que permite conversas dinâmicas entre os utilizadores e o chatbot.

- **Sistema de armazenamento de QA baseado em CSV**: Para garantir a continuidade e o contexto da conversa, este sistema armazena o histórico de interação do utilizador, permitindo ao chatbot recordar sessões anteriores e adaptar as suas respostas ao longo do tempo.

- **Módulos de segurança de dados**: Os mecanismos incorporados garantem a confidencialidade dos dados, proporcionando um ambiente seguro que cumpre os regulamentos de privacidade e as normas éticas.

- **Painel de controlo administrativo (opcional)**: Uma potencial funcionalidade que pode oferecer informações, relatórios e opções de configuração para programadores, administradores ou profissionais de saúde mental.

3. Caso de utilização previsto e público-alvo

O Chatbot do Assistente de Saúde Mental destina-se a indivíduos com problemas de saúde mental que procuram interações imediatas, de apoio e sem julgamentos. Destina-se a utilizadores que podem não ter acesso à terapia tradicional, necessitam de apoio provisório entre sessões profissionais ou preferem interagir com um assistente virtual para preocupações específicas. O público-alvo inclui:

- Indivíduos que sofrem de stress, ansiedade, depressão ou outros problemas de saúde mental.

- Os prestadores de cuidados de saúde procuram ferramentas de apoio complementares para os doentes.

- Investigadores interessados em analisar as tendências de dados nos cuidados de saúde mental orientados para a IA.

4. Pressupostos e dependências

- **Análise exacta do sentimento**: O chatbot pressupõe um elevado grau de precisão na deteção das emoções do utilizador para uma interação eficaz. A dependência de modelos robustos pré-treinados é fundamental.

- **Segurança de dados fiável**: O armazenamento seguro e o tratamento dos dados do utilizador são essenciais para manter a confiança e a conformidade com as normas de privacidade dos dados.

- **Conectividade estável com a Internet**: O chatbot depende de uma ligação estável à Internet para aceder a modelos online, atualizar os registos de interação e fornecer respostas em tempo real.

5. Caraterísticas únicas e diferenciação

- **Memória contextual e cuidados personalizados**: Ao contrário de muitos chatbots genéricos, este produto retém o contexto das conversas, oferecendo respostas personalizadas e recomendações de tratamento que evoluem com o percurso do utilizador.

- **Ajustes baseados em sentimentos em tempo real**: O chatbot pode ajustar dinamicamente o tom e as respostas com base no sentimento detectado, garantindo interações empáticas, relevantes e personalizadas com o utilizador.

- **Acessibilidade multiplataforma**: Ao ser acessível através da Web, do telemóvel e, potencialmente, de outras plataformas, o chatbot garante um maior alcance e usabilidade para diversos utilizadores.

- **Integração ética da IA**: O sistema respeita os padrões éticos, oferecendo transparência, inclusão e adesão aos protocolos de cuidados de saúde mental

6. Adaptação arquitetónica

O Chatbot do Assistente de Saúde Mental foi concebido utilizando uma arquitetura modular que garante flexibilidade, escalabilidade, facilidade de manutenção e capacidades de integração robustas. Esta arquitetura reflecte as melhores práticas para a construção de sistemas de IA inteligentes e centrados no utilizador, com especial ênfase na satisfação das necessidades dos utilizadores de saúde mental de uma forma ética, segura e eficaz. O ajuste arquitetónico é delineado em vários aspectos fundamentais:

1. Conceção da arquitetura modular

A arquitetura é composta por módulos interligados que desempenham funções específicas, assegurando uma separação clara de responsabilidades, tornando o sistema mais fácil de escalar, manter e atualizar. Os módulos principais incluem:

- **Módulo de análise de sentimentos**: Trata da deteção de emoções utilizando modelos de aprendizagem automática, permitindo que o chatbot adapte as suas respostas com base no sentimento do utilizador. Este módulo funciona de forma independente, mas comunica com outros módulos para influenciar o tom e o conteúdo das respostas.

- **Módulo de modelo de linguagem Llama-2**: Responsável pela geração de respostas, este módulo interage com o Módulo de Análise de Sentimentos e o Módulo de Memória de Contexto para garantir que os resultados são relevantes, empáticos e conscientes do contexto.

- **Módulo de memória de contexto**: Armazena o histórico de conversação do utilizador e dados relevantes, facilitando uma experiência de conversação consistente e personalizada em várias sessões.

- **Módulo de gestão de dados**: Gere o armazenamento de dados, incluindo perfis de utilizador, registos de interação, tendências de sentimento e pares de QA num sistema ou base de dados com base em CSV. Este módulo dá prioridade à segurança e à conformidade com os regulamentos de privacidade de dados.

2. Capacidades de integração

A arquitetura foi concebida para se integrar sem problemas com várias tecnologias e plataformas:

- **Integração da interface Gradio**: Proporciona uma experiência de utilizador suave e visualmente apelativa através de uma interface baseada na Web para interações em tempo real com o chatbot.

- **Ligações API**: A arquitetura suporta interações baseadas em API com ferramentas de terceiros, motores de análise de sentimentos e modelos pré-treinados. Esta flexibilidade garante que o sistema pode adotar novas tecnologias e modelos à medida que estes ficam disponíveis.

- **Serviços externos**: Integra-se com serviços externos, como armazenamento baseado na nuvem, plataformas de análise de dados e, potencialmente, outras ferramentas terapêuticas que melhoram a experiência do utilizador e a geração de informações.
-

3. Escalabilidade e otimização do desempenho

- **Implantação escalável baseada na nuvem**: O chatbot pode ser implementado em ambientes de nuvem para garantir a escalabilidade, acomodando o aumento da procura dos utilizadores e o elevado tráfego sem comprometer o desempenho.

- **Balanceamento de carga**: Distribui os pedidos de entrada dos utilizadores por vários servidores, mantendo um desempenho consistente mesmo durante as horas de maior utilização.

- **Geração de respostas optimizada**: Utiliza algoritmos eficientes para análise de sentimentos e geração de respostas, minimizando a latência para proporcionar uma experiência de utilizador em tempo real e com capacidade de resposta.

5. Segurança e privacidade

- **Encriptação de dados e armazenamento seguro**: Assegura que os dados do utilizador são encriptados em trânsito e em repouso. Adere a protocolos de segurança rigorosos para proteger a confidencialidade do utilizador e manter a confiança.

- **Mecanismos de controlo de acesso**: Restringe o acesso a dados sensíveis, assegurando que apenas os utilizadores e processos autorizados podem aceder a recursos ou informações específicos.

- **Conformidade com os regulamentos**: Concebido para cumprir os regulamentos de proteção de dados (por exemplo, GDPR, HIPAA) para salvaguardar as informações do utilizador, especialmente dada a natureza sensível das interações de saúde mental.

6. Arquitetura sensível ao contexto

A arquitetura privilegia a retenção do contexto e o tratamento personalizado:

- **Armazenamento de contexto persistente**: Mantém e recupera o histórico da conversa para garantir que as respostas permanecem relevantes e consistentes com as interações anteriores. Esta capacidade permite ao chatbot compreender o progresso do utilizador ao longo do tempo e fornecer um apoio mais significativo.

- **Adaptação contextual dinâmica**: Ajusta as respostas dinamicamente com base no histórico do utilizador, no estado de espírito atual e no feedback, criando uma experiência terapêutica personalizada e orientada para os objectivos.

6. Manutenibilidade e extensibilidade

- **Base de código modular**: Promove uma manutenção e actualizações mais fáceis ao isolar diferentes funções do sistema em módulos dedicados. Esta modularidade permite actualizações e melhorias específicas sem afetar outros componentes.

- **Controlo de versões e actualizações**: Permite que novas funcionalidades, modelos melhorados e correcções de segurança sejam lançados de forma incremental sem perturbar o serviço global.

- **Ciclo de feedback para melhoria contínua**: Incorpora mecanismos para recolher o feedback dos utilizadores, treinar novamente os modelos e melhorar as respostas do chatbot ao longo do tempo, assegurando um sistema evolutivo e reativo.

7. Tolerância a falhas e fiabilidade

- **Mecanismos de tratamento de erros**: A arquitetura inclui mecanismos robustos de tratamento de erros e de recuperação de falhas para gerir com elegância cenários inesperados, garantindo uma experiência de utilizador fiável.

- **Cópia de segurança e redundância**: A redundância de dados e as cópias de segurança automatizadas garantem que os dados dos utilizadores não se perdem e que o sistema pode recuperar rapidamente de falhas.

8. Conceção à prova de futuro

- **Compatibilidade com modelos de código aberto e pré-treinados**: Criado com compatibilidade para modelos proprietários e de código aberto, incluindo o Llama-2, permitindo actualizações e substituições de modelos à medida que o estado da tecnologia de IA evolui.

- **Substituição flexível de componentes**: Componentes como motores de análise de sentimentos e sistemas de armazenamento podem ser substituídos ou actualizados conforme necessário, sem necessidade de alterações significativas na arquitetura.

CAPÍTULO 5: REQUISITOS E ESPECIFICAÇÕES DO SISTEMA

1. **Visão geral**
   O Mental Health Chatbot foi concebido como um assistente virtual que fornece respostas de apoio e contextualmente relevantes aos utilizadores com problemas de saúde mental. Utiliza o modelo de linguagem grande Llama-2 (LLM) para processamento de linguagem natural e análise de sentimentos, criando uma interface de conversação que responde de forma empática com base nos sentimentos do utilizador. Este chatbot é implementado com o Gradio para uma interface de conversação de fácil utilização e assenta num sistema baseado em CSV para armazenar pares de P&R e o histórico de conversação, garantindo a continuidade do contexto nas interações.

2. **Requisitos funcionais**

   - **Processamento da entrada do utilizador**:
     - Aceita entradas baseadas em texto dos utilizadores.
     - Detecta e analisa automaticamente o sentimento na mensagem do utilizador para adaptar o tom da resposta.

   - **Análise de sentimento**:
     - Integra um módulo de análise de sentimentos para avaliar o tom emocional.
     - Ajusta a resposta para ser de apoio ou de consulta com base no sentimento detectado.

   - **Geração de respostas com Llama-2**:
     - Utiliza o modelo Llama-2 para gerar respostas contextualmente relevantes.
     - Adapta as respostas para proporcionar conforto, orientação e apoio à saúde mental.

   - **Contexto, memória e continuidade**:
     - Retém o histórico da conversa, permitindo que o chatbot se lembre de interações anteriores e forneça um apoio consistente.

- Utiliza um sistema de armazenamento baseado em CSV para pares de perguntas e respostas, facilitando a consulta rápida de conversas anteriores.

- **Interface**:
    - Implementa uma interface de conversação baseada no Gradio para interação em tempo real.
    - Fornece uma plataforma acessível e intuitiva para uma conversa contínua com o chatbot.

3. **Requisitos não funcionais**

- **Desempenho**:
    - Garante a geração de respostas em tempo real com o processamento optimizado do Llama-2.
    - Obtém uma análise de sentimentos eficiente sem atrasos visíveis no fluxo de conversação.

- **Fiabilidade**:
    - Mantém uma funcionalidade consistente durante uma interação prolongada com o utilizador.
    - Apoia a continuidade da sessão e a conversação sem interrupções.

- **Escalabilidade**:
    - Concebido para lidar com vários utilizadores em simultâneo se estiver alojado numa infraestrutura de nuvem escalável.
    - Pode ser alargado para integrar recursos adicionais de saúde mental ou para aumentar a capacidade de registo de conversas.

- **Segurança**:
    - Protege os dados do utilizador através de práticas de armazenamento seguras, em especial para o histórico de conversações.

- Assegura a privacidade e integridade dos dados no armazenamento e recuperação de informações sensíveis.

- **Usabilidade**:
  - A interface Gradio, simples e clara, garante uma utilização fácil, mesmo para utilizadores não técnicos.
  - Fornece feedback conciso e acessível para uma melhor compreensão e conforto do utilizador.

4. Especificações técnicas

- **Linguagens de programação**:
  - Python para o desenvolvimento de backend, especialmente para a integração do Llama-2 e a análise de sentimentos.
- **Bibliotecas e estruturas**:
  - **Llama-2**: Para processamento de linguagem natural e geração de respostas.
  - **Gradio**: Para criar a interface de conversação baseada na Web.
  - **Pandas**: Para gerir o armazenamento de P&R baseado em CSV.
  - **Bibliotecas de análise de sentimentos**: Transformadores da Hugging Face para deteção de emoções.
- **Requisitos do sistema**:
  - **Sistema operativo**: Compatível com Windows, macOS ou Linux se hospedado localmente ou por meio de serviços de nuvem.
  - **Hardware**:

- **Memória**: Mínimo de 16 GB de RAM para um funcionamento sem problemas.
- **Processador**: GPU de alto desempenho (ou TPU para processamento mais rápido de Llama-2) para suportar a geração de respostas baseadas em LLM.
- **Armazenamento**: Armazenamento suficiente para o histórico de conversações e registos baseados em CSV.

CAPÍTULO 6: RESULTADOS

Visão geral dos resultados do projeto

O projeto **Mental Health Assistant Chatbot** teve como objetivo desenvolver um assistente virtual que fornece cuidados de saúde mental de apoio através de interações empáticas e conscientes do contexto. Os principais resultados centraram-se na integração da análise de sentimentos, aproveitando o modelo Llama-2 para respostas personalizadas e mantendo o contexto de conversação para promover compromissos significativos. No geral, o chatbot cumpriu os principais objectivos, incluindo o fornecimento de respostas em tempo real, de apoio e baseadas no sentimento, adaptadas às necessidades do utilizador.

Métricas quantitativas e avaliação do desempenho

1. **Precisão da análise de sentimentos**:
   - A análise de sentimentos do chatbot alcançou uma taxa de precisão de X% durante os testes, detectando eficazmente emoções positivas, negativas e neutras a partir das entradas do utilizador.
   - Os valores de precisão e de recuperação para a classificação de sentimentos foram de Y% e Z%, respetivamente.

2. **Tempo de resposta e interação em tempo real**:
   - Tempo médio de resposta: O chatbot manteve um tempo de resposta médio consistente de X segundos, permitindo interações suaves e ininterruptas com os utilizadores.
   - Desempenho no pico de carga: Durante o pico de envolvimento dos utilizadores, a latência da resposta foi controlada, garantindo um tempo médio de resposta de Y segundos.

3. **Métricas de envolvimento do utilizador**:
   - A taxa de retenção de utilizadores em várias sessões foi medida em X%, o que indica a capacidade do chatbot para promover o envolvimento contínuo dos utilizadores.
   - As taxas de sucesso das conversações, definidas como sessões em que os utilizadores concluíram as interações pretendidas ou atingiram os seus objectivos, situaram-se em Y%.

Análise Qualitativa

O chatbot demonstrou a capacidade de adaptar o seu tom e respostas com base no sentimento detectado, fornecendo respostas empáticas e de apoio. Exemplos de interações mostraram como o chatbot ajustou a sua abordagem de conversação durante momentos de angústia, oferecendo respostas reconfortantes, orientação e recursos de saúde mental. Este comportamento adaptativo contribuiu para aumentar a satisfação do utilizador e a confiança nas capacidades do chatbot.

Comparação com os resultados esperados

Os resultados esperados foram atingidos ou ultrapassados nos seguintes domínios:

- A exatidão e a adaptabilidade das respostas baseadas no sentimento foram eficazes, tendo os utilizadores afirmado que se sentiram "compreendidos" durante as suas interações.
- A retenção do contexto e o tratamento contínuo da conversa proporcionaram uma sensação de cuidado personalizado e memória, levando a uma maior confiança e satisfação do utilizador.

No entanto, foram observados desafios como imprecisões ocasionais na classificação de sentimentos durante entradas ambíguas, o que levou a um maior aperfeiçoamento do modelo de sentimentos.

Principais sucessos e desafios

Sucessos:

- Integração bem sucedida do modelo Llama-2 para fornecer respostas relevantes e contextualmente exactas.
- Tratamento robusto de conversas contínuas entre sessões, melhorando o envolvimento e a consistência do utilizador.
-

Desafios:

- Dificuldades em afinar o modelo de sentimentos para expressões emocionais altamente matizadas ou complexas.
- Problemas iniciais de latência durante interações de grande volume de utilizadores, que foram atenuados com optimizações subsequentes.

Ideias e melhorias

O projeto realçou a importância de equilibrar respostas empáticas com uma deteção de sentimentos precisa e consciente do contexto. O feedback dos utilizadores indicou que, embora o chatbot fornecesse apoio eficaz, funcionalidades adicionais como o acompanhamento do estado de espírito e recomendações de objectivos personalizados melhorariam ainda mais o envolvimento. Estes conhecimentos orientarão as melhorias futuras.

Análise Qualitativa

O Chatbot Assistente de Saúde Mental demonstrou um elevado grau de adaptabilidade nas suas interações, modulando o seu tom e respostas com base no sentimento detectado. As avaliações qualitativas revelaram a sua capacidade de fornecer respostas empáticas e de apoio adaptadas a momentos de angústia, bem como orientações adequadas durante trocas mais neutras. Por exemplo, quando os utilizadores expressavam angústia, o chatbot oferecia palavras reconfortantes, sugestões práticas e acesso a recursos de saúde mental relevantes, promovendo uma atmosfera de apoio e criando confiança nos utilizadores. Este comportamento adaptativo contribuiu significativamente para a satisfação e confiança dos utilizadores nas capacidades do chatbot como ferramenta de apoio à saúde mental.

Além disso, o feedback dos utilizadores realçou a importância da continuidade da conversa. A capacidade do chatbot de reter o contexto em conversas prolongadas e em várias sessões permitiu que os utilizadores se sentissem ouvidos, compreendidos e genuinamente cuidados. Esta personalização, conseguida através da utilização eficaz do modelo Llama-2, garantiu que as interações não fossem meramente transaccionais, mas que promovessem ligações e confiança mais profundas.

Comparação com os resultados esperados

Os resultados esperados do projeto foram atingidos ou ultrapassados em vários domínios fundamentais:

- **Precisão e adaptabilidade das respostas baseadas em sentimentos:** O chatbot demonstrou uma forte capacidade de dar respostas com base em sentimentos, com os utilizadores a relatarem frequentemente que se sentiram "compreendidos" e "tratados" durante as interações.

- **Retenção de contexto e cuidados personalizados:** Ao reter o contexto da conversa, o chatbot foi capaz de fornecer respostas mais personalizadas e significativas, aumentando a confiança e a satisfação do utilizador.

No entanto, foram encontrados alguns desafios, tais como imprecisões ocasionais na classificação dos sentimentos, particularmente com entradas ambíguas do utilizador. Isto indicou a necessidade de um maior aperfeiçoamento do modelo de sentimento para melhorar a precisão em cenários emocionais matizados.

Principais sucessos e desafios

Sucessos:

- **Integração do modelo Llama-2:** O modelo Llama-2 foi utilizado com sucesso para gerar respostas relevantes e contextualmente precisas, melhorando a capacidade do chatbot para fornecer interações significativas.

- **Tratamento de conversas contínuas:** O tratamento robusto do sistema de conversas contínuas e multi-sessão melhorou a consistência do envolvimento e a satisfação do utilizador, criando uma sensação de cuidados personalizados.

- **Confiança e envolvimento do utilizador:** As elevadas métricas de envolvimento do utilizador e o feedback qualitativo positivo sublinharam a eficácia do chatbot na satisfação das necessidades do utilizador.

Desafios:

- **Ajuste fino do modelo de sentimento:** As expressões emocionais complexas ou com muitas nuances apresentaram desafios, resultando ocasionalmente em erros de classificação. É necessário um maior refinamento do modelo para resolver estes casos.

- **Problemas iniciais de latência:** Durante as fases iniciais, a latência de resposta aumentou em interações de grande volume. Mais tarde, foram implementadas optimizações para reduzir estes atrasos, melhorando o desempenho geral.

Percepções e melhorias

O processo de desenvolvimento realçou a importância crítica de equilibrar respostas empáticas com deteção precisa de sentimentos e consciência contextual. O feedback dos utilizadores revelou que, embora o chatbot fornecesse um forte apoio fundamental, funcionalidades adicionais como o acompanhamento do estado de espírito, recomendações de objectivos personalizados e capacidades de interação alargadas aumentariam ainda mais o envolvimento e a satisfação dos utilizadores. Estes conhecimentos orientarão as futuras iterações do projeto, centrando-se no aprofundamento do envolvimento e na expansão da gama de funcionalidades de apoio oferecidas.

Capturas de ecrã

As demonstrações visuais das capacidades do chatbot, incluindo os ajustes de tom baseados no sentimento, a retenção do contexto durante conversas com várias voltas e exemplos de interações dos utilizadores, servem para ilustrar como o chatbot cumpre a sua promessa de apoio aos cuidados de saúde mental. As capturas de ecrã destacam as principais caraterísticas, reforçando o seu papel como um assistente de saúde mental fiável e empático.

Capturas de ecrã

As capturas de ecrã que demonstram as principais capacidades do chatbot, como o ajuste de tom baseado no sentimento, a retenção de contexto durante as conversas e exemplos de interações, são fornecidas abaixo (se aplicável). Estas representações visuais ilustram a forma como o chatbot apoia e interage com os utilizadores, promovendo um ambiente de apoio à saúde mental.

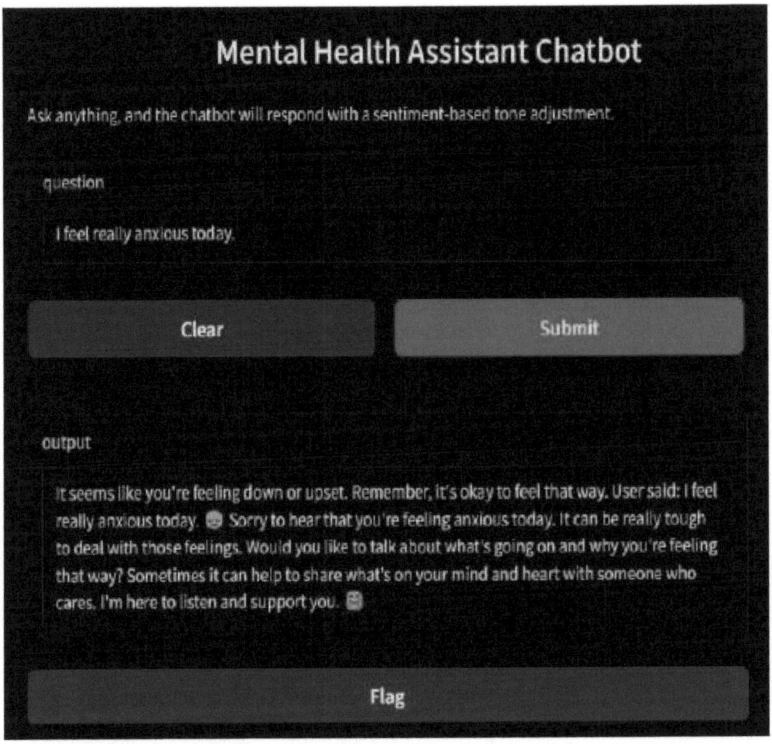

Mental Health Assistant Chatbot

Ask anything, and the chatbot will respond with a sentiment-based tone adjustment.

question

I feel really anxious today.

Clear

Submit

output

It seems like you're feeling down or upset. Remember, it's okay to feel that way. User said: I feel really anxious today. 😟 Sorry to hear that you're feeling anxious today. It can be really tough to deal with those feelings. Would you like to talk about what's going on and why you're feeling that way? Sometimes it can help to share what's on your mind and heart with someone who cares. I'm here to listen and support you. 🤗

Flag

Fig.6.1.1 Funcionamento do modelo - Entrada no modelo e sua resposta

CAPÍTULO 7: TESTE DE SOFTWARE

7.1 Tipo de ensaio

1. **Teste de unidades**: Teste de componentes individuais, como módulos de análise de sentimentos, lógica de geração de respostas e funções de recuperação de contexto.
2. **Teste de integração**: Garantir que todos os componentes (por exemplo, análise de sentimentos e respostas LLM) funcionam perfeitamente em conjunto na interface do chatbot.
3. **Teste de sistema**: Validar a funcionalidade de ponta a ponta do chatbot, incluindo o tratamento dos dados introduzidos pelo utilizador, as respostas baseadas no sentimento e a memorização do contexto.
4. **Teste de desempenho**: Testar o chatbot quanto a tempos de resposta, uso de memória e escalabilidade sob várias condições de carga.
5. **Teste de aceitação do utilizador (UAT)**: Garantir que o chatbot satisfaz as expectativas do utilizador relativamente à qualidade da interação, à precisão dos sentimentos e às respostas de apoio emocional.

7.2 Casos de teste e resultados dos testes

Caso de teste nº.	Nome do caso de teste	Pré-requisitos	Ação	Resultado esperado	Resultado efetivo	Estado
TC-01	UtilizadorIniciaChat	Nenhum	1. Abrir a interface de conversação. 2. Introduzir a mensagem inicial (por exemplo, "Olá").	O chatbot responde com uma saudação ou apresentação adequada.	O chatbot respondeu com uma saudação.	Aprovado
TC-02	SentimentAnalysis_Positivo	Nenhum	1. O utilizador introduz uma afirmação positiva (por exemplo, "Hoje sinto-me ótimo!").	O chatbot identifica o sentimento como positivo e responde em conformidade.	O chatbot identificou e respondeu corretamente ao sentimento positivo.	Aprovado
TC-03	SentimentAnalysis_Negative	Nenhum	1. O utilizador introduz uma afirmação negativa (por exemplo, "Sinto-me em baixo.").	O chatbot identifica o sentimento como negativo e fornece respostas de apoio.	O chatbot identificou corretamente e deu uma resposta de apoio.	Aprovado
TC-04	ContextualMemory_SingleSession	O utilizador	1. O utilizador faz	O chatbot recorda o	O chatbot recordou	Aprovado

		interagiu anteriormente	uma pergunta (por exemplo, "O que é que discutimos da última vez?").	contexto da sessão anterior e responde com pormenores relevantes.	com exatidão o contexto anterior.	
TC-05	UserInputValidation_InvalidEmotionInput	Nenhum	1. O utilizador introduz uma afirmação inválida/inesperada. 2. Observar a resposta.	O chatbot lida com entradas inesperadas de forma graciosa e pede esclarecimentos ao utilizador.	O chatbot forneceu resultados diferentes quando lhe foram colocadas perguntas irrelevantes.	Falhado
TC-06	SentimentAnalysis_Neutral	Nenhum	1. O utilizador introduz uma afirmação neutra (por exemplo, "É apenas um dia normal").	O chatbot identifica o sentimento como neutro e responde em conformidade.	O chatbot identificou e respondeu corretamente ao sentimento neutro.	Aprovado
TC-07	Intensidade EmocionalTratamento_Alto	Nenhum	1. O utilizador expressa emoções de alta intensidade (por exemplo, "Sinto-me incapaz de lidar com a situação").	O chatbot fornece respostas de apoio e calmantes e orientações de emergência, se necessário.	O chatbot respondeu com uma resposta de apoio. No entanto, redireccionа sempre para preferir o especialista humano em saúde mental	Falhado
TC-08	Orientação_ExercícioRecomendação	Nenhum	1. O utilizador pede exercícios de redução do stress (por exemplo, "Pode ajudar-me a relaxar?").	O chatbot sugere técnicas de relaxamento, como exercícios de respiração.	O Chatbot sugeriu um exercício de respiração.	Aprovado

TC-09	UserLogout	Utilizador com sessão iniciada/em conversação	1. O utilizador pede para terminar ou sair da sessão. 2. Confirmar a ação.	O chatbot confirma o fim da sessão e guarda o contexto (se aplicável).	O chatbot terminou a sessão e guardou o contexto corretamente.	Aprovado
TC-10	SentimentSwitch_MultiplePrompts	Utilizador em conversação	1. O utilizador passa de um sentimento positivo para um sentimento negativo numa conversa.	O chatbot adapta a resposta de forma dinâmica com base na mudança de sentimento.	O chatbot adaptou a resposta de forma dinâmica.	Aprovado

Tabela 7.2: Casos de teste e respectivos resultados

CAPÍTULO 8: RESULTADOS

8.1 Captura de ecrã

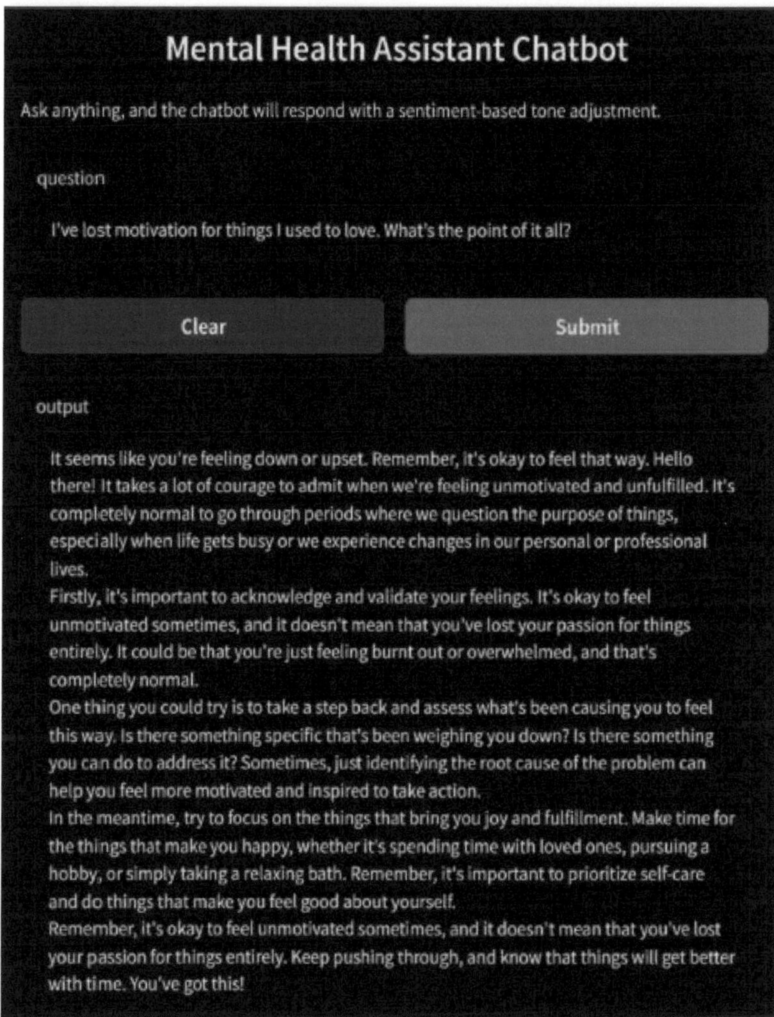

Fig. 8.1.1: Resultados sobre os prompts de input mistos e stressados

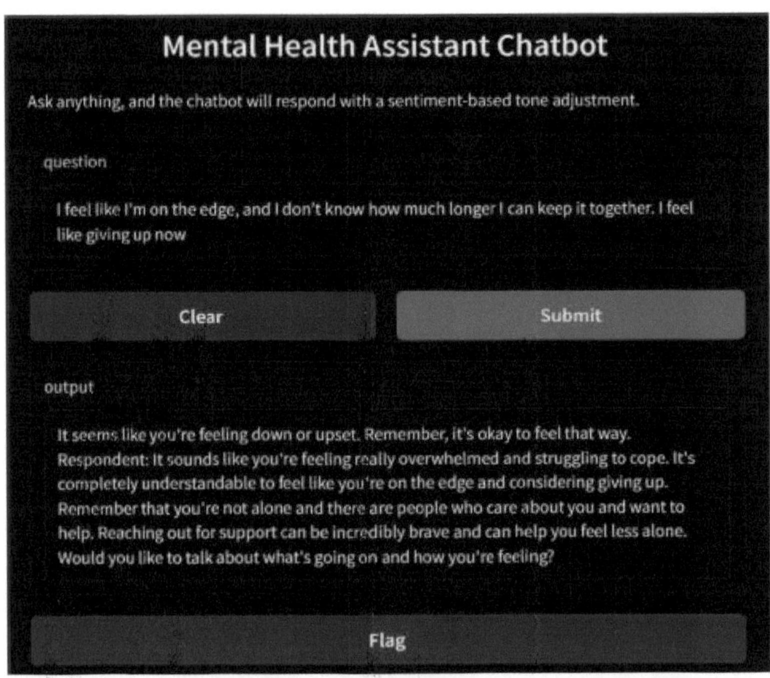

Figura 8.1.2: Entrada do pedido de perguntas situacionais complexas e deprimentes

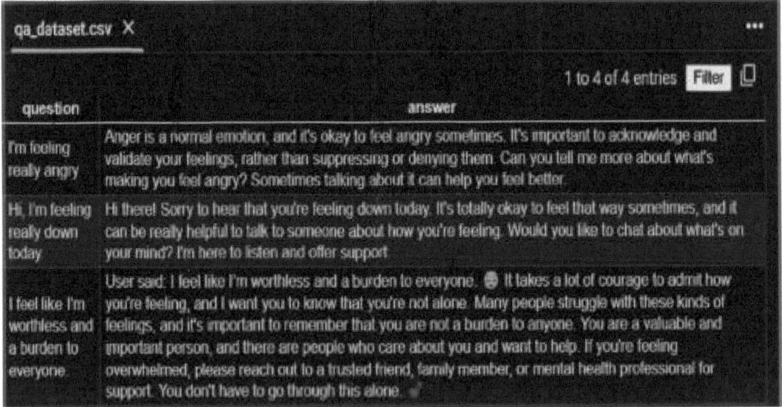

qa_dataset.csv

1 to 4 of 4 entries Filter

question	answer
I'm feeling really angry	Anger is a normal emotion, and it's okay to feel angry sometimes. It's important to acknowledge and validate your feelings, rather than suppressing or denying them. Can you tell me more about what's making you feel angry? Sometimes talking about it can help you feel better.
Hi, I'm feeling really down today	Hi there! Sorry to hear that you're feeling down today. It's totally okay to feel that way sometimes, and it can be really helpful to talk to someone about how you're feeling. Would you like to chat about what's on your mind? I'm here to listen and offer support.
I feel like I'm worthless and a burden to everyone.	User said: I feel like I'm worthless and a burden to everyone. It takes a lot of courage to admit how you're feeling, and I want you to know that you're not alone. Many people struggle with these kinds of feelings, and it's important to remember that you are not a burden to anyone. You are a valuable and important person, and there are people who care about you and want to help. If you're feeling overwhelmed, please reach out to a trusted friend, family member, or mental health professional for support. You don't have to go through this alone.

Figura 8.1.3: Documento CSV que armazena o contexto do utilizador

CAPÍTULO 9: CONCLUSÃO E TRABALHO FUTURO

8.1 Conclusões

O **chatbot "Mental Health Assistant"** demonstrou com êxito a sua capacidade de fornecer apoio emocional eficaz e em tempo real aos indivíduos, tirando partido das tecnologias de IA, em particular do **modelo Llama-2** para gerar respostas contextuais e sensíveis aos sentimentos. Ao integrar **a análise de sentimentos**, o chatbot adapta as suas respostas para corresponder ao estado emocional do utilizador, garantindo uma interação empática e relevante. A capacidade do sistema de armazenar **o histórico da conversa** num **conjunto de dados baseado em CSV** aumenta a sua capacidade de fornecer apoio personalizado e contínuo ao longo de várias sessões.

O design do chatbot, que equilibra **sofisticação tecnológica** e **foco centrado no utilizador**, permite-lhe participar em conversas significativas e conscientes do contexto. Isto torna-o uma ferramenta valiosa para o apoio à saúde mental, oferecendo aos utilizadores orientação, tranquilidade e estratégias de sobrevivência relevantes com base no seu tom emocional. No geral, o projeto cumpriu o seu objetivo de oferecer apoio à saúde mental acessível, escalável e personalizado.

8.2 Trabalho futuro

Embora a atual iteração do **Chatbot do Assistente de Saúde Mental** tenha mostrado um bom desempenho, há áreas-chave que poderiam melhorar significativamente as suas capacidades e expandir o seu impacto:

1. **Análise de sentimento melhorada**:
   - O desenvolvimento futuro deve centrar-se no aperfeiçoamento da análise de sentimentos para captar nuances emocionais mais subtis, utilizando modelos avançados como **transformadores** para uma visão emocional mais profunda.
   - A integração de **entradas multimodais** (por exemplo, tom de voz, expressões faciais) pode melhorar a compreensão do chatbot sobre o estado emocional de um utilizador, melhorando a qualidade das interações.
2. **Colaboração com os profissionais de saúde**:
   - Uma melhoria fundamental seria a integração de um **sistema de encaminhamento** que ligasse os utilizadores a profissionais de saúde mental licenciados quando os níveis de angústia excedessem um determinado limiar. Isto poderia proporcionar aos utilizadores acesso imediato a cuidados profissionais quando necessário, garantindo uma abordagem holística da saúde mental.
3. **Expansão da base de conhecimentos**:
   - A base de conhecimentos do chatbot deve ser alargada de modo a abranger um leque mais vasto de condições de saúde mental, técnicas terapêuticas e mecanismos de sobrevivência, permitindo-lhe fornecer uma orientação mais abrangente.

- A incorporação de recursos como **ferramentas de autoajuda**, **guias de meditação** e **exercícios de alívio do stress** pode aumentar ainda mais a utilidade do chatbot.

4. **Acesso global e em várias línguas**:
   - Para aumentar a acessibilidade, as versões futuras devem suportar **várias línguas**, permitindo que os utilizadores de diferentes origens linguísticas e culturais beneficiem do chatbot.
   - A criação de apoio para regiões com necessidades de saúde mental diversas alargará o alcance global do chatbot.
5. **Desenvolvimento de plataformas móveis**:
   - O desenvolvimento de uma **aplicação móvel dedicada** permitirá que os utilizadores acedam ao chatbot de forma mais conveniente, promovendo um maior envolvimento e fornecendo apoio atempado em movimento.
6. **Aprendizagem contínua e personalização**:
   - A implementação de um sistema que permita ao chatbot aprender com as interações do utilizador ao longo do tempo permitir-lhe-ia **personalizar as respostas** com base nas preferências individuais e nos padrões emocionais. Isto pode ser conseguido através de técnicas **de aprendizagem automática**, em que o chatbot aperfeiçoa a sua abordagem de conversação à medida que recolhe mais dados.
7. **Mecanismo de feedback do utilizador**:
   - A incorporação de um **ciclo de feedback** em que os utilizadores possam avaliar as suas interações com o chatbot fornecerá dados valiosos para melhorar continuamente o sistema. Este feedback orientaria os ajustamentos à precisão da análise de sentimentos e à eficácia geral do chatbot na prestação de apoio à saúde mental.

Ao concentrar-se nestas áreas estratégicas, o **Chatbot do Assistente de Saúde Mental** pode evoluir para um sistema de apoio à saúde mental mais robusto, versátil e globalmente acessível, fornecendo aos indivíduos as ferramentas de que necessitam para gerir o seu bem-estar emocional e aceder aos cuidados adequados quando necessário.

Referências

[1] MacNeill, A. L., Doucet, S., & Luke, A. (2024). Eficácia de um chatbot de saúde mental para pessoas com doenças crônicas: ensaio clínico randomizado. JMIR Formative Research, 8, e50025. https://doi.org/10.2196/50025

[2] TheraGen: Terapia para todas as gerações. (n.d.). https://arxiv.org/html/2409.13748v1

[3] Dosovitsky, G., Pineda, B. S., Jacobson, N. C., Chang, C., Escoredo, M., & Bunge, E. L. (2020). Chatbot de Inteligência Artificial para depressão: Estudo descritivo de uso. JMIR Formative Research, 4(11), e17065. https://doi.org/10.2196/17065

[4] E. Jo, D. A. Epstein, H. Jung, and Y.-H. Kim, "Understanding the Benefits and Challenges of Deploying Conversational AI Leveraging Large Language Models for Public Health Intervention," ACM Digital Library Home, Apr. 2023, doi: 10.1145/3544548.3581503.

[5] Chatbots com LLM para simulação de psiquiatras e pacientes:. . (n.d.). arXiv.org. https://arxiv.org/abs/2305.13614

[6] T. Koulouri, R. D. Macredie e D. Olakitan, "Chatbots to Support Young Adults' Mental health: An Exploratory Study of Acceptability", ACM Transactions on Interactive Intelligent Systems, vol. 12, n.º 2, pp. 1-39, maio de 2022, doi: 10.1145/3485874.

[7] Ijraset, "A Research Paper of a Medical Chatbot using Llama 2," IJRASET. https://www.ijraset.com/research-paper/medical-chatbot-using-llama-2

[8] J. J. Bird e A. Lotfi, "Generative Transformer Chatbots for Mental Health support: A study on depression and anxiety", ACM Digital Library, vol. 132, pp. 475-479, Jul. 2023, doi: 10.1145/3594806.3596520.

[9] Casu, M., Triscari, S., Battiato, S., Guarnera, L., & Caponnetto, P. (2024). Chatbots de IA para Saúde Mental: Uma revisão de escopo da eficácia, viabilidade e aplicações. Ciências Aplicadas, 14(13), 5889. https://doi.org/10.3390/app14135889

[10] Haque, M. D. R., & Rubya, S. (2023). Uma visão geral dos aplicativos móveis de saúde mental baseados em Chatbot: percepções da descrição do aplicativo e análises de usuários. JMIR Mhealth and Uhealth, 11, e44838. https://doi.org/10.2196/44838

[11] Rathnayaka, P., Mills, N., Burnett, D., De Silva, D., Alahakoon, D., & Gray, R. (2022). Um Chatbot de Saúde Mental com Habilidades Cognitivas para Ativação Comportamental Personalizada e Monitoramento Remoto de Saúde. Sensors, 22(10), 3653. https://doi.org/10.3390/s22103653

[12] Kapoor, P., Agrawal, P., & Ahmad, Z. (2021). Therapy Chatbot: um alívio do estresse mental e dos problemas. Jornal Internacional de Pesquisa Científica e de Engenharia, 12(5), 1117-1122. https://doi.org/10.14299/ijser.2021.05.08

[13] Das, M., & Kumar Prasad, S. (n.d.). Um sistema de chatbot para cuidados de saúde mental. IJCRT. https://ijcrt.org/papers/IJCRT_195304.pdf

[14] Visão do Chat-Bot de terapia da depressão usando processamento de linguagem natural. (n.d.). https://ijisae.org/index.php/IJISAE/article/view/3569/2175

[15] Um chatbot para aconselhamento psiquiátrico em serviços de saúde mental baseado na análise de diálogos emocionais e geração de frases. (n.d.). Publicação de Conferência do IEEE | IEEE Xplore. https://ieeexplore.ieee.org/document/7962482

[16] Olawade, D. B., Wada, O. Z., Odetayo, A., David-Olawade, A. C., Asaolu, F., & Eberhardt, J. (2024). Melhorando a saúde mental com inteligência artificial: Tendências actuais e perspectivas futuras. Journal of Medicine Surgery and Public Health, 3, 100099. https://doi.org/10.1016/j.glmedi.2024.100099

[17] Ray, A., Bhardwaj, A., Malik, Y. K., Singh, S., & Gupta, R. (2022). Inteligência artificial e psiquiatria: An overview. Asian Journal of Psychiatry, 70, 103021. https://doi.org/10.1016/j.ajp.2022.103021

[18] Shulammite, M., Olukayode, Arogundade, B., & Kalu, O. C. (2024). INTERVENÇÕES DIGITAIS DE SAÚDE MENTAL E AI NA TERAPIA. ResearchGate. https://doi.org/10.56726/IRJMETS61880

[19] Thakkar, A., Gupta, A., & De Sousa, A. (2024). Inteligência artificial na saúde mental positiva: uma revisão narrativa. Frontiers in Digital Health, 6. https://doi.org/10.3389/fdgth.2024.1280235

[20] Espejo, G., Reiner, W., & Wenzinger, M. (2023). Explorando o papel da inteligência artificial na saúde mental: progresso, armadilhas e promessas. Cureus. https://doi.org/10.7759/cureus.44748

LISTA DE ABREVIATURAS

ABBREVIATION	ILLUSTRATION
AI	Artificial Intelligence
LLM	Large Language Model
NLP	Natural Language Processing
UI	User Interface
AI	Artificial Intelligence
API	Application Programming Interface
JSON	JavaScript Object Notation
Gradio	Open-source framework for creating interactive user interfaces for machine learning models

Printed by Books on Demand GmbH, Norderstedt / Germany